我的名字是：

_____

醫院小夥伴

# 我的別注版波鞋

作者/插畫：李揚立之醫生

這是源源。

源源每天都穿上媽媽送給他的波鞋。
這不是普通的波鞋喔，是一雙別注版波鞋！

穿上這雙波鞋，源源就是運動健將了！
無論足球、籃球、棒球、羽毛球，都難不到源源！

但是，源源就是不喜歡游泳！

因為脫下別注版波鞋，他就不能當運動健將了！

今天，源源興奮地穿上別注版波鞋。

因為源源要去參加學校足球比賽啊！

咦？好像快要下大雨了！

小球員們紛紛走去避雨！

鞋襪都濕透了，很不舒服！

小球員們快把襪子和波鞋脫下，換上拖鞋吧！

源源不想脱下波鞋，只有快快回家吧。

「源源，為甚麼不換鞋呢？你忘記帶拖鞋嗎？」
「楠楠，我的腳很奇怪，不想給別人見到啊！」

源源的小腳板很特別！
第二和第三隻腳趾是黏在一起的！

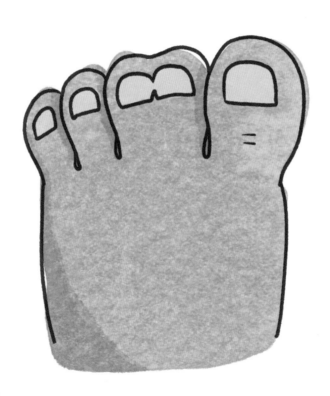

楠楠說：「一點也不奇怪喔！我給你看看我的！」

楠楠的小腳板也很特別！
只有三隻腳趾唷！

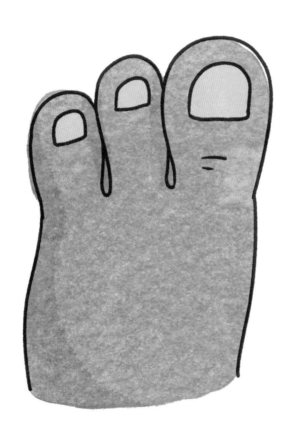

「源源，我們並不孤單，我們一起去見更多朋友吧！」

楠楠帶了源源去找 Dr. Dumo。

今天Dr. Dumo 安排了一個小聚會，
有很多小朋友都參加了！

源源真是大開眼界！

在這裏的小朋友，小腳板都很特別！

看看晴晴的小腳板！
第四隻腳趾是彎彎的，好可愛！

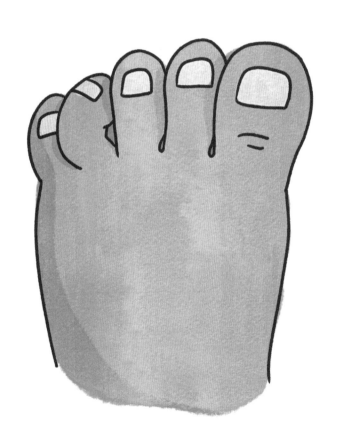

不過，晴晴玩滑板能做很多花式的！

看看浩浩的小腳板！
有六隻腳趾呢！

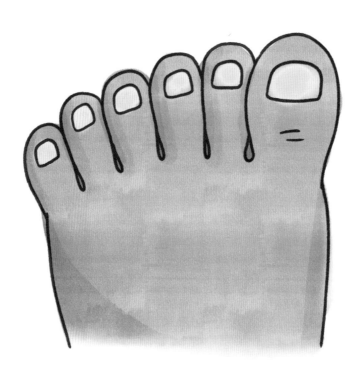

不過，浩浩玩跆拳道，不怕別人見到他的腳趾啊！

看看洋洋的小腳板！
腳趾公是特別大的！

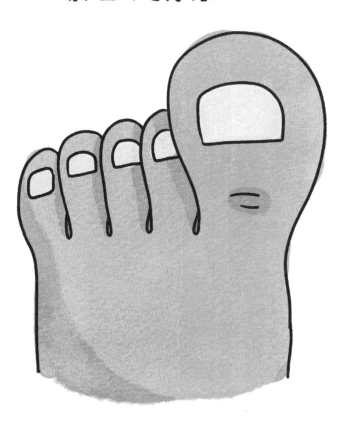

不過，他說這樣可以抓緊攀石牆啊！

看看敏敏的小腳板！
是有扁平足的！

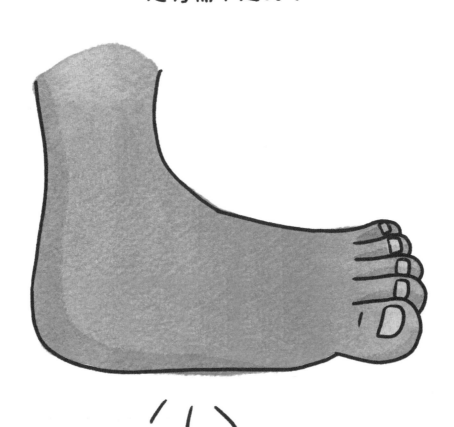

不過，她跑很多個小時山都不會累！

看看彤彤的小腳板！
足弓是比較高的！

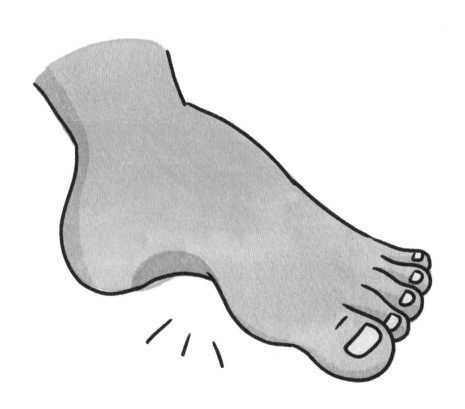

不過，她是一個芭蕾舞高手！

看看謙謙的小腳板！
原來可以拆出來的，多厲害啊！

不過，他跑起步來，不會比任何人慢！

源源發現，就算不穿別注版波鞋都可以玩得好開心的！

原來，別注版不只是我們穿的鞋子。

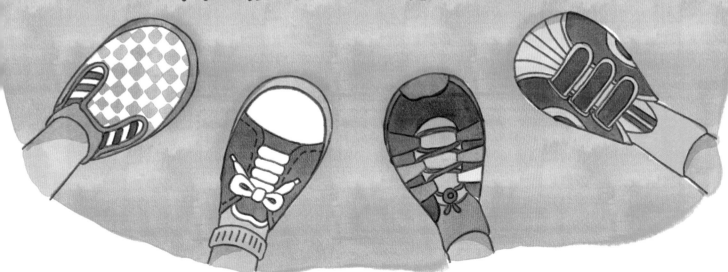

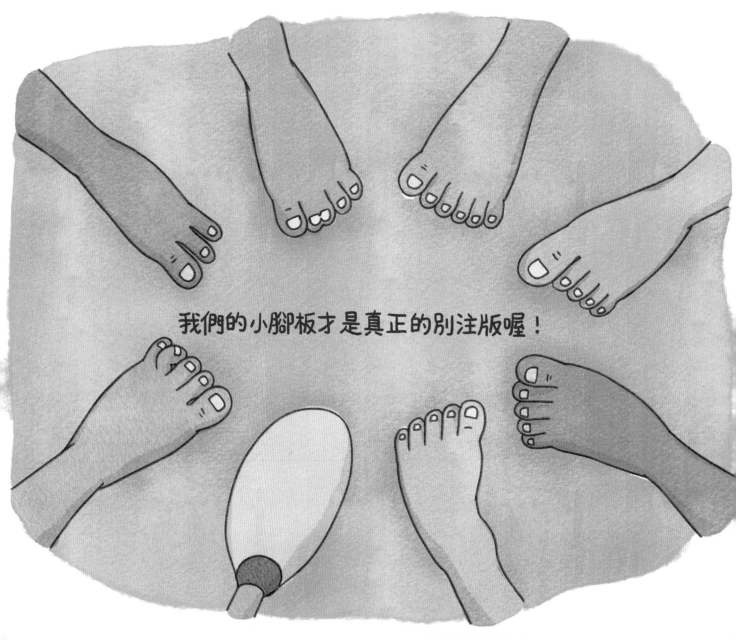

我們的小腳板才是真正的別注版喔！

小朋友，你的小腳板是怎麼樣的？

試畫出來給源源看看！

嘩！
這都是別注版小腳板啊！

# 後記

經常都會遇到天生腳部與眾不同的小朋友。

眼見小朋友或家長有時會很徬徨，不知所措。

有些狀況會影響功能而需要治療，有些並不需要，

醫生會詳細解釋最適合小朋友的治療方針。

而我希望可以透過這個小故事，

令家長和小朋友明白：

這些小朋友其實是別注版來的！

*Lucci Liyeung*

二〇二三年七月

| | |
|---|---|
| 書　　名 | 醫院小夥伴：我的別注版波鞋 |
| 作者 / 插畫 | 李揚立之 |
| 責任編輯 | 王穎嫻 |
| 美術編輯 | 郭志民 |
| 出　　版 | 小天地出版社（天地圖書附屬公司） |
| | 香港黃竹坑道46號新興工業大廈11樓（總寫字樓） |
| | 電話：2528 3671　傳真：2865 2609 |
| | 香港灣仔莊士敦道30號地庫（門市部） |
| | 電話：2865 0708　傳真：2861 1541 |
| 印　　刷 | 亨泰印刷有限公司 |
| | 柴灣利眾街27號德景工業大廈10字樓 |
| | 電話：2896 3687　傳真：2558 1902 |
| 發　　行 | 聯合新零售（香港）有限公司 |
| | 香港新界荃灣德士古道220-248號荃灣工業中心16樓 |
| | 電話：2150 2100　傳真：2407 3062 |
| 出版日期 | 2023年7月 / 初版 |